Bibliografische Information der Deutschen Nationalbibliothek:

Die Deutsche Bibliothek verzeichnet diese Publikation in der Deutschen National-
bibliografie; detaillierte bibliografische Daten sind im Internet über http://dnb.d-
nb.de/ abrufbar.

Impressum:

Copyright © 2015 GRIN Verlag, Open Publishing GmbH
Druck und Bindung: Books on Demand GmbH, Norderstedt Germany
ISBN: 9783668408050

Dieses Buch bei GRIN:

http://www.grin.com/de/e-book/354681/veraenderungen-in-der-traditionellen-
lebensweise-der-inuit-geographie

Lena Zell

Veränderungen in der traditionellen Lebensweise der Inuit (Geographie, 5. Klasse)

GRIN Verlag

Johannes-Gutenberg-Universität Mainz

Geographisches Institut

M6ED Seminar: Geographiedidaktik II

Sommersemester 2015

Abgabe: 31.07.15

Verkürzter Unterrichtsentwurf zur Unterrichtsreihe

„Nutzung des Naturpotentials in kalten Zonen" (5. Stunde der Reihe)

Thema der Stunde:	Veränderungen in der traditionellen Lebensweise der Inuit
Themenbereich/Lehrplan:	Orientierungsstufe (5. Klasse)
	5.3: Sich versorgen: Nutzung des Naturpotentials in Räumen mit extremen Naturbedingungen
	5.3.3: Kenntnis von Möglichkeiten sich in kalten Zonen zu versorgen

vorgelegt von:

Lena Zell

Studiengang: Bachelor of Education

Fachwissenschaften: Geographie / Sport

Inhaltsverzeichnis

Abkürzungsverzeichnis

SuS	Schülerinnen und Schüler
AB	Arbeitsblatt
OHP	Overheadprojektor
gUG	Gerichtetes Unterrichtsgespräch
PA	Partnerarbeit
AFB	Anforderungsbereich

Tabellenverzeichnis

1 Verlaufsplan

Tab. 1: Unterrichtsverlauf zur Stunde „Veränderungen in der traditionellen Lebensweise der Inuit"

Zeit	Unterrichtsphase/Inhalt	Sozialform	Material/Medien	BZ
5'	**Begrüßung und Einstieg:** Den SuS wird zuerst ein Zitat und danach ein Foto präsentiert, um Ideen für die lohnende Fragestellung zu entwickeln.	gUG	OHP, Folie 1	1,2
Überleitung: SuS formulieren Problemstellung der Stunde: Wie lebten die Inuit früher und heute? Wie hat sich ihre Lebensweise verändert?				
12'	**Erarbeitungsphase I:** Die Klasse wird in 4 Gruppen (4-6 Personen) eingeteilt. (arbeitsteilige Gruppenarbeit) Gruppe 1 und 2 bekommen das Thema *„Leben und Alltag"* und die Gruppen 3 und 4 beschäftigen sich mit dem Thema *„Versorgung und Ernährung"* der Inuit. Mithilfe der Arbeitsblätter 1 und 2 erarbeiten sich die SuS die verschiedenen Aspekte der Lebensweise der Inuit von früher und heute. Puffer: Vergleich zwischen Sommer und Winter.	GA	AB 1und 2 (Versorgung und Ernährung/ Leben und Alltag)	3
7'	**Ergebnissicherung I:** Gemeinsame Besprechung der Ergebnisse mithilfe einer Tabelle.	gUG	OHP, Folie 2	4
Überleitung: Welche Folgen hat die veränderte Lebensweise für die Inuit?				
12'	Erarbeitungsphase II: Die SuS bekommen einen Text über das Leben der Inuit, in dem Vor- und Nachteile aufgelistet sind. Die SuS unterstreichen die Vor- und Nachteile und schreiben diese in ihr Heft. Puffer: Male ein Bild wie du dir das Leben in Grönland vorstellst.	PA	Arbeitsblatt 3 (Text und Aufgabenstellung)	5
7'	Ergebnissicherung II: Sicherung der Vor- und Nachteile an der Tafel	gUG	Tafel	6
2'	Hausaufgabe: „Du bist Naruq. Schreibe eine E-Mail an Max und erläutere ihm die Vor- und Nachteile der heutigen Lebensweise der Inuit".		Arbeitsblatt 4	7

*Mein Teil der Unterrichtsstunde

2 Ziele

2.1 Befähigungsziele

Das übergeordnete Befähigungsziel der Unterrichtsstunde „Veränderungen in der traditionellen Lebensweise der Inuit" lautet: Die Schüler und Schülerinnen (SuS) sollen sich anhand des ausgewählten Bild-und Textmaterials mit den verschiedenen Aspekten der Veränderung der traditionellen Lebensweise der Inuit auseinandersetzen. Ferner sollen sie in der Folgestunde der Unterrichtsreihe die Folgen dieser Veränderung kennenlernen und sich eine eigene, begründete Meinung dazu bilden.

Zudem sollen folgende Befähigungsziele erreicht werden:

1 Die SuS können das Zitat und das Foto beschreiben und miteinander vergleichen. (AFB I-II)

2 Die SuS können mithilfe des Zitats und des Fotos die lohnende Fragestellung entwickeln. (AFB III)

3 Sie SuS können mithilfe der Texte M1 und M2 die verschiedenen Aspekte der Lebensweise der Inuit von früher und heute nennen und diese in Form einer Tabelle miteinander vergleichen. (AFB I-II)

4 Die SuS können ihre Zuordnungen nennen und erklären. (AFB I-II)

5 Die SuS können die Vor- und Nachteile der heutigen Lebensweise der Inuit mithilfe des Textes nennen.

6 Die SuS können die Ergebnisse ihrer Partnerarbeit nennen und begründen.

7 Die SuS in ihrer Email die Vor- und Nachteile der heutigen Lebensweise der Inuit erläutern.

2.2 Erwartungshorizont

Tab. 2: Erwartungshorizont

Aufgabe	Erwartete Schülerleistung	AFB	F	O	M	K	B	H
1 (Gruppe 1 und 2)	Früher: • Beruf: Jäger und Sammler • Iglus oder Zelte • Wechselnder Wohnsitz • Selbstgemachte Pelzkleidung Heute: • Beruf: Ähnlich wie in Deutschland (z.B. Krankenschwester, Verkäufer) • Häuser mit Heizung, Strom- und Wasserversorgung (auch: moderne, technische Geräte)	II	10 12 17 19		4 6	1 2		

	• Fester Wohnsitz • Kindergarten und schule • Handelsübliche Funktionsklei-dung						
1 (Grup-pe 3 und 4)	Früher: • Jagd und Fischfang mit Hun-deschlitten und Kajaks • Hauptnahrungsmittel: Fisch und Fleisch; im Sommer auch Beeren und Kräuter • Anlegen von Vorräten Heute • Einkaufen im Supermarkt mit Schneemobilen und Autos • Nahrungsmittel: verschiedens-te Lebensmittel (z.B. Pom-mes) • Anlegen von Vorräten nicht mehr notwendig	II	10 12 17 19		4 6	1 2	

Der Hauptstandart dieses ersten Teils der Stunde liegt im Kompetenzbereich Fachwissen, wobei zudem der Bereich Erkenntnisgewinnung/ Methode miteinbezogen wird, da die Fähigkeit der Informationsgewinnung und –strukturierung gefördert wird und die Bearbeitung der Aufgaben in arbeitsteiliger Gruppenarbeit stattfindet. Darüber hinaus wird auch der Kompetenzbereich der Kommunikation gefördert.

3   Fachliche Klärung

Die Inuit bilden eine der größten Ethnien innerhalb der Gruppe der indigenen Völker der Arktis und sind in der nordamerikanischen Arktis beheimatet (THANNHEISER und WUTHRICH 2002: 173). In der Vergangenheit wurden die Inuit auch als Eskimos bezeichnet. Diese oft negativ konnotierte Fremdzuschreibung wurde jedoch in der *Inuit Circumpolar Conference* im Jahre 1977 durch die positive Selbstzuschreibung Inuit (dt.: Mensch) ersetzt (SOWA 2015: 19).

Schon aufgrund der Weite des Siedlungsraumes mit einer Ost-West-Ausdehnung von mehreren Tausend Kilometern sind die traditionellen Lebensweisen der Inuit vielfältig. Auf der Grundlage von übergreifende Eigenschaften, kann jedoch ein allgemeines Bild der traditionellen Inuit-Kultur gezeichnet werden. Traditionell lebten die Inuit als Jäger- und Sammler. Vor allem die Fischerei, die Jagd auf Robben, Wale, Walrosse, die Wildrenjagd und das Beerensammeln bildeten ihre Lebensgrundlage (THANNHEISER und WUTHRICH 2002: 176f.). Als

Fortbewegungs- und Transportmittel während der Jagd wurden im Winter der Hundeschlitten sowie im Sommer eine Art Kajak genutzt, doch auch zu Fuß wurden oft weite Wege zurückgelegt. Die Inuit lebten dabei größtenteils in kleinen Gruppen als Nomaden. Während sie den Sommer über durchs Land zogen und in Zelten aus Tierhäuten lebten, wurden für den Winter semipermanente Siedlungen in Form von Iglus, Holz- oder Steinhäusern errichtet (BACK, GERMAIN und MORRISON 1996: 34f.).

Im Zuge fortschreitender Technologien und Modernisierungsprozessen ist die heutige Lebensweise der Inuit einem großen soziokulturellen Wandel unterworfen, der nahezu alle Lebensbereiche betrifft. Auslöser hierfür waren neben einem verstärkten Kontakt mit Nicht-Inuit vor allem staatliche Programme in Kanada und Grönland, die die Umsiedlung der Inuit in dauerhafte, feste Siedlungen veranlassten. Auch der Zusammenbruch des Pelzhandels in den 1940er Jahren brachte zahlreiche Inuit in die Abhängigkeit der staatlichen Wohlfahrtssysteme. Gleichzeitig verstärkte Kanada seine Bemühungen, durch Missionierung, staatlichen Schulunterricht und eine rechtliche Begrenzung der Selbstversorgungsaktivitäten die indigenen Traditionen zu unterwandern (HUHNDORF 2009: 84). Heute lebt so gut wie kein Inuk mehr von der Jagd. Viele Familien haben ihr Nomadenleben aufgegeben und Leben in den staatlichen Siedlungen nahe der Schulen und Supermärkte (ROUSSELIERE 2004). Neben vorteilhaften Neuerungen wie Motorbooten, Autos und Häusern mit Strom und Heizung, hat die Inuitgesellschaft heute in hohem Maße mit Problemen wie Alkoholismus und hohen Selbstmordraten zu kämpfen (MCNICOLL und TESTER 2004: 2625f.). Zudem besteht das Problem, dass die Sprache Inuktitut zurückgedrängt wird, da viele Inuit in der Schule ausschließlich auf Englisch unterrichtet und auch außerhalb der Schule durch die Massenmedien häufig mit der englischen Sprache konfrontiert werden. Die meisten Inuit beherrschen die Sprache zwar immer noch, sie hat sich gegenüber früher jedoch verändert und häufig kommt es zu Verständnisproblemen zwischen Jung und Alt (Pauktuutit Inuit Women of Canada 2006: 27).

4 Didaktische Analyse

4.1 Grundfragen nach Klafki

Gegenwarts- und Zukunftsbedeutung

Viele Lebenskulturen werden heutzutage durch die Entwicklung moderner Technologien und durch Einflussnahme anderer Länder verändert. Ein Beispiel hierfür stellt das Volk der Inuit dar. Neben einigen Vorteilen des Lebenswandels wie modernen Häusern und der Möglichkeit zur Schule zu gehen, fehlen vielen Inuit heute jedoch Ausbildungsmöglichkeiten und Zukunftsalternativen und es herrscht eine große Arbeitslosigkeit. Zudem hat die Inuitgesellschaft mit Problemen wie Alkoholismus, hohen Selbstmordraten und dem Verlust der traditionellen Sprache zu kämpfen. Mit jeder Erneuerung geht ein Stück ihrer Identität verloren; und es stellt sich die Frage, inwiefern z.B. wirtschaftliche Interessen die Lebensbereiche der Inuit weiterhin verändern werden.

Zugänglichkeit

Das Interesse der SuS an einem Thema spielt für den Unterrichtsgegenstand und die Arbeitsweise eine zentrale Rolle. So führt Schülerinteresse laut HEMMER und HEMMER (2002: 1) sogar zu einem größeren Lernerfolg. Die Interessensstudie von HEMMER und HEMMER (2010: 78) gibt Aufschluss über die Interessensgebiete der SuS. Die Themengebiete „Eingriffe in den Naturhaushalt" und „Leben der Menschen in fremden Ländern" wecken mit am meisten Interesse bei Kindern. Da diese beiden Komponenten auch Teil der geplanten Unterrichtsreihe sind, kann vor allem damit das Interesse seitens der SuS geweckt werden.

Die erarbeitete Unterrichtsstunde orientiert sich dabei an der Schülerperspektive und knüpft an die Lebenswelten und Interessengebiete der SuS an, da es um das Leben eines gleichaltrigen Jungen in einem Raum mit extremen Naturbedingungen geht. Durch den sozialen Bezug zum gleichaltrigen Naruq können sich die Kinder gut in dessen Lage hineinversetzen. Obwohl sie in ihrem eigenen Alltag mit anderen Problemen konfrontiert werden, könnte gerade dies einen Anreiz für sie darstellen, herauszufinden, wie Naruq mit seiner Familie lebt und welchen Problemen er sich gegenübergestellt sieht. Durch die Thematisierung der Lebensweise der Inuit werden die SuS nicht nur dazu angeregt, über ihre eigenen Lebensbereiche hinaus zu schauen, sondern zudem dazu angeleitet ihre konkreten Vorstellungen kritisch zu hinterfragen.

Außerdem sagt die Arbeit mit Fotos den SuS besonders zu und soll sie von Beginn an zur Mitarbeit motivieren und ihr Interesse wecken HAUBRICH (2006: 54). Dies wird in der geplanten Stunde durch den Einstieg erreicht.

Didaktische Reduktion

Um eine Überforderung der SuS in der fünften Klasse zu vermeiden, findet eine didaktische Reduktion statt, die es ermöglicht, den Lerninhalt adressatengemäß zu präsentieren. Die Thematik wird anhand einfacher Bilder und altersgemäßen Texten beispielhaft an der Lebensweise eines 11-jährigen Inuk aufgezeigt, wodurch der komplexe Sachverhalt auf die wesentlichen Elemente beschränkt wird und der Inhalt für die Lernenden überschaubar sowie verständlich bleibt. Die SuS sollen sich exemplarisch mit den Aspekten Versorgung, Ernährung, Leben und Alltag auseinandersetzen. Weitere Aspekte des Themenkomplexes wie die Religionen, Spiele oder Gesellschaftsorganisation werden außer Acht gelassen, da sie zu umfangreich wären und zu viel Zeit in Anspruch nehmen würden. Auch solche, sich aus der veränderten Lebensweise ergebenden Probleme, wie steigender Alkohol- und Drogenkonsum und die hohe Selbstmordrate werden nicht behandelt, da solche Themen noch nicht altersgemäß für SuS einer fünften Klasse sind.

Exemplarische Bedeutung

Das exemplarische Prinzip ist für die Auswahl und Anordnung von geographischen Inhalten in einer Unterrichtsreihe verantwortlich. Grundlegende, allgemeingeographische Erkenntnisse und Verhaltensdispositionen sollen anhand von ausgewählten repräsentativen Raumbeispielen gewonnen werden (RINSCHEDE 2007: 59). Die Veränderungen in der traditionellen Lebensweise der Inuit und die Art und Weise sich zu versorgen dienen als Beispiel für die Nutzung des Naturpotentials in Räumen mit extremen Naturbedingungen und ermöglichen Einsichten in grundlegende Mensch-Raum-Beziehungen. Die frühere Lebensweise der Inuit steht hierbei exemplarisch für das archaische Jäger- und Sammlertum, welches nach wie vor auch von anderen Naturvölkern in diversen Erdteilen gelebt wird. Jedoch verdeutlichen sie auch den Wandel von kulturellen Traditionen und den Verlust identitätsstiftender Lebensweisen.

Laut Lehrplan sollen nicht alle Zonen der Erde vollständig behandelt werden. Vielmehr sollen die Formen der Versorgung in verschiedenen Lebensräumen an Einzelbildern erarbeitet werden (MFBWW 1991: 18).

Das Beispiel des Inuit Jungen Naruq eignet sich wiederum gut, weil es repräsentativ für zahlreiche andere Familien steht, die einen solchen Wandel der Lebensweise miterleben.

Struktur des Inhalts

Der Inhalt einer Unterrichtsstunde sollte nach RINSCHEDE so strukturiert sein, dass Beziehungen und Zusammenhänge ersichtlich werden, eine Einordnung in bereits Bekanntes erfolgen kann und somit der Neuerwerb von Wissen ermöglicht wird (RINSCHEDE 2007: 187). Hier wird dazu im Unterrichtseinstieg an das Vorwissen der SuS angeknüpft, da die Ureinwohner der Arktis bereits aus der Grundschule bekannt sind. Die SuS sollen die frühere und heutige Lebensweise der Inuit anhand des Zitats und der Fotos beschreiben und miteinander vergleichen. Anschließend sollen sie versuchen die die lohnende Fragestellung „Wie hat sich Lebensweise der Inuit verändert?" zu entwickeln. Auf Grundlage dieser komplexen Problemstellung erarbeiten sich die SuS im weiteren Verlauf der Stunde die nötigen Informationen zur Lösung dieses Problems mit Hilfe der bereitgestellten Arbeitsmaterialien.

4.2   Verortung des Themas im Lehrplan

Das Thema der geplanten Stunde ist der fünften Klasse der Orientierungsstufe in Haupt-, Realschule und Gymnasium zuzuordnen. Im Erdkundeunterricht der fünften Klasse sollen elementare menschliche Lebensweisen in verschiedenartigen Naturräumen betrachtet werden. Ein Schwerpunkt liegt hier auf der Nutzung des Naturpotentials, insbesondere auf der Beschaffung von Nahrungsmitteln. Die Betrachtung von Versorgungsformen in extremen Räumen bietet den SuS elementare und einprägsame Lebenssituationen. Zudem sind die Veränderungen dieser Lebensweisen in unserer Zeit darzustellen (MFBWW 1991: 14). Die Unterrichtsstunde „Veränderungen in der traditionellen Lebensweise der Inuit" ist in den Themenkomplex 5.3 „Sich versorgen: Nutzung des Naturpotentials in Räumen mit extremen Naturbedingungen" einzuordnen. Weiterhin ist die Stunde dem Lernziel 5.3.3 „Kenntnis von Möglichkeiten sich in kalten Zonen zu versorgen" zuzuordnen, wobei das Raumbeispiel „Eskimos in Grönland früher und heute" ausgewählt wurde (ebd.: 18).

4.3   Stellung der Stunde in der Unterrichtsreihe

Tab. 3: Einbettung der Stunde in die Unterrichtsreihe

Stunde	Thema
1 und 2	Polargebiete (Nordpol / Südpol)
3	Polartag / -nacht
4	Tiere und Pflanzen in den Polargebieten
5	Veränderungen in der traditionellen Lebensweise der Inuit (Problemdarstellung und Hintergründe)
6	Veränderungen in der traditionellen Lebensweise der Inuit (Lösungsmöglichkeiten)
7	Forschungsstationen im Eis der Arktis
8	Ergebnissicherungsstunde

Die geplante Stunde stellt die fünfte Unterrichtseinheit in der Unterrichtsreihe „Nutzung des Naturpotentials in kalten Zonen" dar (vgl. Tabelle 3). In der Reihe geht es darum einen Einblick darüber bekommen, wie die Menschen das natürliche Potenzial der kalten Zone zur Versorgung nutzen und welchen Veränderungen ihre Lebensweise unterworfen ist.

Die ersten beiden Unterrichtseinheiten dienen als Einführung in das Thema. Die SuS werden zunächst thematisch auf den Naturraum „Polargebiet" vorbereitet, indem sie Kenntnisse über die geographische Lage und das dort herrschende Klima erlangen. Dabei werden Arktis und Antarktis miteinander verglichen. In der dritten Unterrichtseinheit werden Polartag und Polarnacht behandelt, welche eines der besonderen Kennzeichen der Polarregionen sind. Allerdings erfolgt, angelehnt an den Lehrplan nur eine Beschreibung der beiden Phänomene und keine kausale Erklärung (MFBWW 1991: 18). In der vierten Stunde lernen die SuS die Pflanzen- und Tierwelt der Polargebiete kennen. Stunde 5 und 6 behandeln nun auf der Grundlage des erlangten Vorwissens der SuS die Veränderungen in der traditionellen Lebensweise der Inuit. Während in Stunde 5 zunächst eine Problemdarstellung erfolgt und die Hintergründe beleuchtet werden, wird in der sechsten Stunde auf Lösungsmöglichkeiten der sich durch die Veränderung der Lebensweise ergebenden Probleme eingegangen. Als spannender Zusatz wird in der siebten Stunde noch auf Forschungsstationen im Eis eingegangen, worauf in der achten Stunde eine Ergebnissicherungsstunde stattfindet. In dieser letzten Stunde der Unterrichtsreihe wird noch einmal an abschließendes Fazit gezogen und die Reihe wird rückblickend bewertet. Trotz unterschiedlicher Zielsetzungen der Einzelstunden bleibt das verbindende Element aller Stunden der Naturraum „Polargebiet".

Nach den deutschen Bildungsstandards umfasst das Fach Geographie sechs „Kompetenzbereiche, die gemeinsam wirken, um eine geographische Gesamtkompetenz im Rahmen der allgemeinen Bildung aufzubauen." (DGfG 2012: 9). Im Laufe der Unterrichtsreihe sollten alle sechs Kompetenzbereiche Anwendung finden, um zu einer vielseitigen Gesamtbildung beizutragen (HOFFMANN 2009: 106).

Die ersten vier Einheiten sollen dabei vor allem die Kompetenzbereiche Fachwissen und räumliche Orientierung fördern, da die SuS neues geographisches Wissen (klimatische Besonderheiten, Vegetation, Tierwelt) erlangen und sich mithilfe von Atlanten und Karten räumlich orientieren müssen. Die fünfte Einheit legt ihren Schwerpunkt auf das Fachwissen, wobei der Bereich Erkenntnisgewinnung/ Methode jedoch auch eine große Rolle spielt, da die Fähigkeit zur Informationsgewinnung und –strukturierung gefördert wird. Die Bearbeitung der Aufgaben in arbeitsteiliger Gruppenarbeit fördert zudem die Kommunikation zwischen den Gruppenmitgliedern. Die sechste Stunde der Unterrichtsreihe legt Wert auf die Kompetenzbereiche Beurteilung und Handlung, da die sich durch die Veränderung der Lebensweise ergebenden Probleme der Inuit diskutiert und Lösungsansätze erarbeitet werden. Zudem wird das Interesse an Natur und Kultur in anderen Lebenswelten geweckt (vgl. DGfG 2012: 28).

Auch hinsichtlich der methodisch–didaktischen Gestaltung ist eine Progression innerhalb der Reihe zu erkennen. Die Stunde steigert sich von einer Einführung ins Themengebiet über eine komplexe Problemstellung hin zu einer in der sechsten Stunde folgenden komplexen Beurteilungsaufgabe.

4.4 Aufbau der Lernaufgabe

Die betrachtete Unterrichtstunde wird unter der lohnenden Fragestellung „Wie lebten die Inuit früher und heute? Wie hat sich ihre Lebensweise verändert?" behandelt. Ausgehend von einer komplexen Problemstellung nach TULODZIECKI (2004), nach der ein unbefriedigender Ausgangszustand gegeben ist und die Informationsgrundlage zunächst erarbeitet werden muss, folgt die Aufgabenkonstruktion der neuen Aufgabenkultur nach COLDITZ et al. (2007). Zur Bewältigung der Teilaufgaben, welche die SuS mit ihrem bisherigen Vorkenntnissen nicht hinreichend bewältigen können, dienen die Arbeitsaufträge dazu zu einer inhaltlich basierten Problemlösung zu gelangen. Im problematisierenden, motivierenden Einstieg, der zielbezogen zum Thema hinführt, sollen die SuS zunächst in einem gerichteten Unterrichtsgespräch dazu aufgefordert werden, die Gegebenheiten der Inuit in Grönland zu beschreiben. In einem nächsten Schritt sollen sie dann Ideen zur lohnenden Fragestellung entwickeln. Der Unterrichtseinstieg deckt also nicht nur den Anforderungsbereich I durch den Operator „beschreiben", sondern auch den Anforderungsbereich III durch den Operator „entwickeln" ab. Im Anschluss daran, sollen die SuS in verschiedenen Gruppen je ein Arbeitsblatt bearbeiten, anhand dessen und weiterer aufeinander aufbauenden Teilaufgaben die zuvor entwickelte Problemstellung beantwortet werden soll. Zudem erfolgt die Formulierung der Aufgabenstellungen als Arbeitsaufträge und unter der Nutzung von Operatoren, sodass die SuS genau wissen, was von ihnen erwartet wird. In dem von mir geplanten ersten Teil der Stunde sind die jeweiligen Aufgaben der beiden Gruppen dem Anforderungsbereich II zuzuordnen, da der Operator „vergleichen" verwendet wird und Inhalte geordnet und einander gegenübergestellt werden sollen. Bezüglich des Aufgabentypus handelt es sich dabei um eine geschlossene bis halboffene Aufgaben. Die Antworten sind der Lehrperson zwar bekannt, es gibt jedoch einen gewissen Spielraum in der Formulierung, bzw. in der Auswahl der Stichpunkte. Zudem handelt es sich nicht um reine Reproduktion, da die SuS ihre Ergebnisse in einer Tabelle gegenüberstellen sollen. Außerdem sind die Komplexität der zu lesenden Texte

und die Bearbeitungszeit dem Alter der SuS angepasst und der Wechsel zwischen Materialar-
ten (Bild im Einstieg und Text in Erarbeitungsphase I) trägt zur Unterstützung der Metho-
denkompetenz bei.

5 Methodische Analyse

5.1 Einstieg

Die Eröffnungsphase der Stunde dient als Orientierung und Hinführung zum Thema. Zudem
soll der Einstieg das Interesse der SuS wecken, sie neugierig machen und dazu motivieren,
sich an der Lösung der Problemstellung zu beteiligen (HAUBRICH 2006: 282).

Der Einstieg in die Unterrichtsstunde „Veränderungen in der traditionellen Lebensweise der
Inuit" schafft eine komplexe Problemstellung, indem er ein Zitat über die traditionelle Lebensweise der Inuit, die sich viele SuS üblicherweise so vorstellen, einem Foto der heutigen
Lebensweise gegenüberstellt. Als Sozialform wird hier somit das gerichtete, bzw. das fragen-
entwickelnde Unterrichtsgespräch eingesetzt. Ein solches Gespräch regt die SuS sehr stark
dazu an, eigene Sichtweisen mit in den Unterricht einzubringen. Durch den dialogischen Cha-
rakter wird zudem die Kommunikationskompetenz der SuS gefördert. Außerdem regt die
recht suggestive Fragehaltung der Lehrperson zum eigenständigen Denken an (MEYER 2006:
206). Unter Einbeziehung ihres Vorwissens sollen die SuS Zitat und Bild miteinander vergleichen und eigene Ideen zur lohnenden Fragestellung entwickeln. Die Lenkung durch den
Lehrkörper soll dabei möglichst gering gehalten werden. Im weiteren Verlauf soll die Prob-
lematik dann mit Hilfe verschiedener Materialien gelöst werden. Der Übergang der Einstiegs-
zur Erarbeitungsphase erfolgt über den Anreiz, dass die SuS das selbst hergeleitete komplexe
Problem mit Hilfe der bereitgestellten Arbeitsmaterialien selbstständig bewältigen können.
Damit die Fragestellung während der Bearbeitung präsent bleibt, wird diese für alle ersichtlich an die Tafel geschrieben.

5.2 Erarbeitungsphase I

Die Erarbeitungsphase erfolgt in Form einer arbeitsteiligen Gruppenarbeit. Da es sich um ein
Thema handelt, das aus unterschiedlichen Perspektiven betrachtet werden kann, bietet sich
diese Form der Gruppenarbeit an. Damit möglichst viele Aspekte eines Teilthemas angesprochen werden können, wird die Klasse in vier Gruppen eingeteilt und jeweils zwei Gruppen

bearbeiten dasselbe Thema (vgl. Tab. 1). Diese Form der Gruppenarbeit wurde einerseits aus ökonomischen, bzw. zeitlichen Gründen gewählt. Andererseits bringt sie die SuS dazu Verantwortung gegenüber ihren Klassenkameraden zu übernehmen, da die Lösung des komplexen Problems nur auf der Grundlage aller Beiträge erreicht werden kann. Die Gruppeneinteilung wird dabei aus Zeitgründen und unter Berücksichtigung der Leistungsstärke der SuS durch die Lehrperson vorgenommen. Gruppe 1 und 2 bekommen das Thema „Leben und Alltag" zugeteilt und die Gruppen 3 und 4 beschäftigen sich mit dem Thema „Versorgung und Ernährung" der Inuit. Mithilfe der Arbeitsblätter 1 und 2 erarbeiten sich die SuS dann die verschiedenen Aspekte der Lebensweise der Inuit von früher und heute, indem sie diese in einer Tabelle gegenüberstellen.

Die Erledigung der Arbeitsaufträge erfolgt dabei im Sinne des „moderaten Konstruktivismus". Die SuS sind selbst für die Planung, Organisation und Durchführung der Arbeitsaufträge verantwortlich. Sie sollen aktiv und selbstgesteuert lernen, wobei die Lehrperson sich bewusst im Hintergrund hält. Wie zuvor vereinbart, steht sie den SuS nur bei aufkommenden Fragen zu Verfügung und wirkt unterstützend auf den Lernprozess ein (RINSCHEDE 2007: 49). Indirekt findet dabei allerdings eine Fremdsteuerung durch die Lehrperson über die Festlegung der Aufgabenstellung statt.

Sollte eine Gruppe ihre Arbeitsaufträge früher beendet haben als geplant, dann kann diese zusätzlich die Jahresabschnitte Sommer und Winter miteinander vergleichen.

5.3   Ergebnissicherung I

Die Sicherung der Ergebnisse erfolgt wiederum in einem gerichteten Unterrichtsgespräch. Die Ergebnisse der Gruppenarbeit werden in einer Tabelle auf einer Folie für alle ersichtlich gesammelt. So wird nochmals Bezug auf das zu Beginn der Einheit aufgekommene komplexe Problem genommen. Alle SuS der einzelnen Gruppen können sich melden und zum Ausfüllen der Tabelle beitragen. Damit die SuS sich voll und ganz auf die Inhalte der zu bearbeitenden Aufgabe konzentrieren und gegebenenfalls anderen Ergebnissen widersprechen können, wird die Folie mit den gesammelten Ergebnissen im Anschluss an die Stunde kopiert und in der Folgestunde ausgeteilt. Erfahrungsgemäß brauchen vor allem SuS der Orientierungsstufe überdurchschnittlich lange, um Tafelanschriebe in ihr Heft zu übernehmen. Durch das Vorbringen der Gruppenarbeitsergebnisse wird wiederum die Eigenständigkeit und die Kommunikationskompetenz der SuS gefördert. Eine Überleitung auf die nächste Erarbeitungsphase wird durch die Frage nach den Folgen der veränderten Lebensweise für die Inuit erreicht.

5.4   Alternativen zum gewählten Unterrichtsaufbau

Als Alternative zum gewählten Einstieg könnten statt des Zitats auch zwei kontrastierende Fotos der früheren und heutigen Lebensweise der Inuit als stummer Impuls eingesetzt werden. Diese Art des Einstiegs wäre wahrscheinlich schneller zielführend und somit zeitsparender. Zudem könnte das Foto als visueller Eindruck auch motivierender für die SuS sein.

Außerdem wurde festgestellt, dass die beiden Arbeitsblätter für die Gruppenarbeit insgesamt zu textlastig für eine fünfte Klasse sind. Alternativ könnten zusätzlich zum Text Bilder der Tätigkeiten und des Lebensalltags der Inuit hinzugefügt und der Text etwas verkürzt werden. Durch die Verwendung von anschaulichen Bildern könnte so ein zusätzlicher visueller Impuls gesetzt werden, der die SuS dazu veranlasst sich mit dem Lerninhalt auseinander zu setzen (RINSCHEDE 2007: 231). Aus medialer Sicht haben Bilder einen enormen Aufforderungscharakter, fördern die Aufmerksamkeit, wecken das Interesse der SuS und vermitteln so besonders viele Informationen (HAUBRICH 2006: 174 ff.).Gemeinsam stellen die Texte und dazu passenden Bilder ein Verbundmedium dar, welches zusätzlich zur Aufgabenstellung Hinweise zur Bearbeitung enthalten kann und verschiedene Medien miteinander kombiniert. Durch die Verknüpfung unterschiedlicher Medien innerhalb einer Unterrichtseinheit, werden vor allem der visuelle sowie der verbale Lerntyp angesprochen (ebd.).

Alternativ zur geplanten Sicherung könnten die SuS ihre in der Gruppenarbeit herausgefundenen Ergebnisse selbst in ein Tafelbild eintragen. Gegen diese Art der Sicherung spricht jedoch, dass das eigenständige Schreiben im Heft und an der Tafel in der Orientierungsstufe noch zu viel Zeit in Anspruch nehmen könnte. Aus demselben Grund wurde sich auch dafür entschieden, die Ergebnistabelle im Anschluss an die Stunde zu kopieren und den SuS zur Verfügung zu stellen. Eine weitere Möglichkeit der Sicherung wäre die SuS anstatt einer bloßen Tabelle Collagen oder Wandzeitungen erstellen zu lassen, die dann im Klassenzahl aufgehängt werden könnten.

6 Anhang

Anhang 1: Folie 1 (Einstiegsfolie)

„**Eskimos leben in den kältesten Gebieten der Erde. Sie wohnen in Iglus, bewegen sich auf Hundeschlitten fort und tragen Felle erlegter Tiere als Kleidung.**"

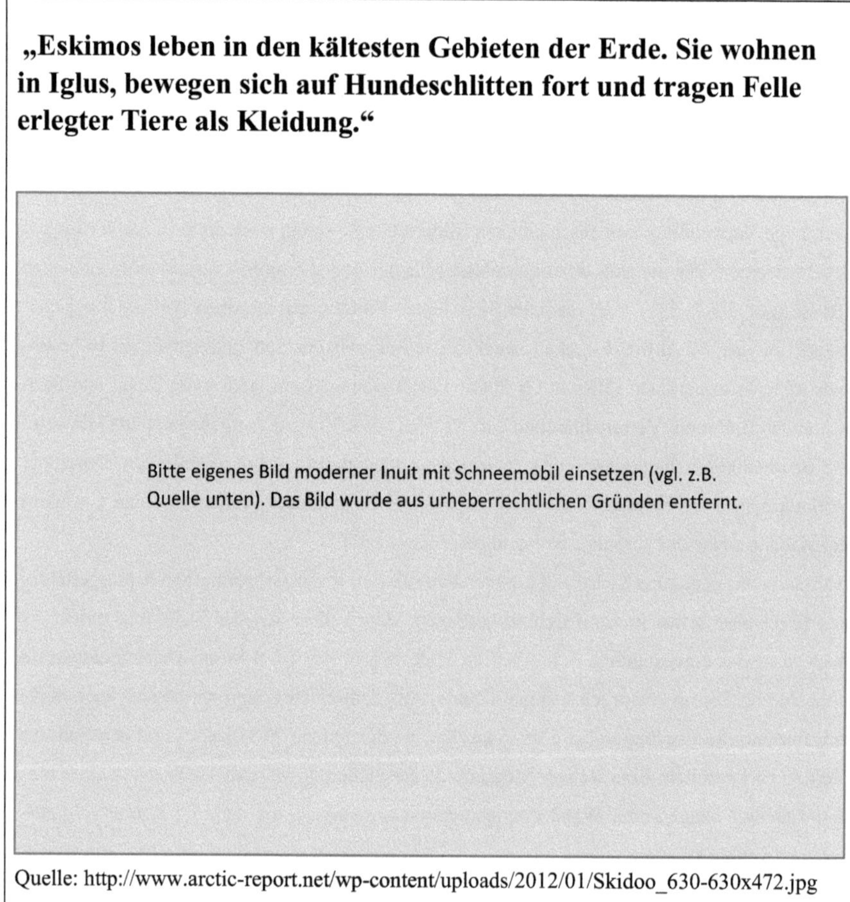

Quelle: http://www.arctic-report.net/wp-content/uploads/2012/01/Skidoo_630-630x472.jpg

---

<u>Wohnen und Alltag der Inuit</u>

Aufgabenstellung: Vergleicht das alltägliche Leben der Inuit von früher und heute miteinander. Tragt dazu die wichtigsten Stichworte mithilfe des Textes M1 in die Tabelle ein.

M1:

Der 11-jährige Inuk Naruq erzählt aus seinem Leben:

„Meine Familie und ich leben in Grönland. Meine Mutter arbeitet als Krankenschwester und mein Vater ist Verkäufer in einem Supermarkt in unsere Siedlung. Inzwischen üben nur noch sehr wenige Inuit den Beruf des Jägers und Sammlers aus, wie es in der Vergangenheit der Fall war. Wir wohnen das ganze Jahr über in einem Haus mit Heizung, Strom- und Wasserversorgung. Früher lebten die Inuit in Camps, die abhängig von guten Jagdmöglichkeiten, immer an unterschiedlichen Orten errichtet wurden. Dort lebten sie in Iglus oder Zelten aus Tierhaut und Fellen. Als im Jahr 1950 die Schulpflicht eingeführt wurde, zogen viele Familien in die von der Regierung erbauten Siedlungen, um in der Nähe der Kindergärten und Schulen zu sein. Wie man ein Iglu baut wissen deshalb heute nur noch die wenigsten Inuit und zum Schutz gegen die Kälte tragen wir nur noch selten selbstgemachte Pelzkleidung. Wir besitzen Parkas und Snowboots, wie ihr sie vielleicht auch im Schrank habt. Auch Fernseher, Stereoanlagen, Computer und Telefonanschlüsse gehören selbstverständlich zu unserem Leben dazu."

	Früher	**Heute**
Wohnen und Alltag der Inuit		

Anhang 3: Arbeitsblatt 2 „Versorgung und Ernährung"

<u>**Versorgung und Ernährung**</u>

Aufgabenstellung: Vergleicht die Versorgung und Ernährung der Inuit von früher und heute miteinander. Tragt dazu die wichtigsten Stichworte mithilfe des Textes M2 in die Tabelle ein.

M2:

Der 11-jährige Inuk Naruq erzählt aus seinem Leben:

„Früher lebten wir Inuit als Jäger und Sammler. Als mein Großvater noch ein kleiner Junge war, musste er, wenn er Hunger hatte, seine Nahrung noch selbst jagen! Fisch und das Fleisch von Robben und Walrossen waren dabei unsere Hauptnahrungsmittel. Im Sommer wurden zudem Beeren und Kräuter gesammelt und andere Tiere, wie Vögel und Karibus, also wilde Rentiere, erlegt. Oft wurden Vorräte angelegt, um Zeiten, in denen der Jagderfolg ausblieb gut zu überstehen. Um zu ihren Jagdlagern zu kommen, waren die Inuit früher mehrere Stunden mit ihren Hundeschlitten und Kajaks unterwegs. Heute brauchen sie dafür viel weniger Zeit, da fast alle Inuit Motorboote, Schneemobile oder Autos besitzen, die viel schneller fahren können. Allerdings werden diese heute fast gar nicht mehr zum Jagen verwendet. Die Inuit fahren damit zum Einkaufen oder zur Arbeit. Wenn wir heute Hunger haben gehen wir einfach in den Supermarkt, wo man heute fast alles, das man auch in anderen Ländern kennt, kaufen kann. Mein Lieblingsessen sind Pommes mit viel Ketchup! Auch das Anlegen von Essensvorräten ist nicht mehr notwendig."

	Früher	**Heute**
Versorgung und Ernährung		

Anhang 4: Folie 2 (Sicherungsfolie)

<u>Wie lebten die Inuit früher und heute? Wie hat sich ihre Lebensweise verändert?</u>

16

	Früher	Heute
Wohnen und Alltag		
Versorgung und Ernäh-rung		

7 Literaturverzeichnis

BACK, F., G. H. GERMAIN und D. MORRISON (1996): Eskimo: Geschichte, Kultur und Leben in der Arktis. München.

COLDITZ, M. et al (2007): Bildungsstandards konkret. Aufgabenkultur und Aufgabenbeispiele. Geographie heute 28 (255/256): 14-18.

Deutsche Gesellschaft für Geographie (^{7}2012): Bildungsstandards im Fach Geographie für den Mittleren Schulabschluss – mit Aufgabenbeispielen. Bonn.

HAUBRICH, H. (^{2}2006): Geographie unterrichten lernen: Die neue Didaktik der Geographie konkret. München.

HEMMER, I. und M. HEMMER (2010): Interesse von Schülerinnen und Schülern an einzelnen Themen, Regionen und Arbeitsweisen des Geographieunterrichts – ein Vergleich zweier empirischer Studien aus den Jahren 1995 und 2005. In: HEMMER, I. und M. HEMMER (Hrsg.) (2010): Schülerinteresse an Themen, Regionen und Arbeitsweisen des Geographieunterrichts. Ergebnisse der empirischen Forschung und deren Konsequenzen für die Unterrichtspraxis. Weingarten: 65 – 149.

HEMMER, I. und M. HEMMER (2002): Mit Interesse lernen. Geographie heute 23 (202): 2-7.

HOFFMANN, K. (2009): Mit den Nationalen Bildungsstandards Geographieunterricht planen und auswerten. Geographie und ihre Didaktik 37 (3): 105-119.

HUHNDORF, S. M. (2009): Mapping the Americas: the transnational politics of contemporary native culture. Ithaca.

MCNICOLL, P. und F. J. TESTER (2004): Isumagijaksaq: mindful of the state: social constructions of Inuit suicide. Social Science and Medicine 38 (58). 2625-2636.

MEYER, H. (^{13}2006). Unterrichtsmethoden II; Praxisband. Berlin.

MFBWW (1991): Lehrplan Erdkunde Orientierungsstufe. Grünstadt.

Pauktuutit Inuit Women of Canada (2006): The Inuit way: a guide to Inuit culture. Internet: http://www.uqar.ca/files/boreas/inuitway_e.pdf (29.07.2015).

RINSCHEDE, G. (^{3}2007): Geographiedidaktik. Paderborn.

ROUSSELIERE, G. M. (2004): Mein Leben bei den Eskimos. National Geographic Deutschland. Internet: http://www.nationalgeographic.de/reportagen/topthemen/2004/mein-leben-bei-den-eskimos2, Zugriff am (29.07.2015).

SOWA, F. (2015): Indigene Völker in der Weltgesellschaft: die kulturelle Identität der grönländischen Inuit im Spannungsfeld von Natur und Kultur. Bielefeld.

THANNHEISER, D. und C. WÜTHRICH (2002): Die Polargebiete (= Das Geographische Seminar). Braunschweig.

TULODZIECKI, G., B. HERZIG und S. BLOMEKE (2004): Gestaltung von Unterricht. Eine Einführung in die Didaktik. Bad Heilbrunn.